PRAKTISCHER RATGEBER IN FARBE

BÄUME FÜR KLEINE GÄRTEN

SUSAN CONDER

Unipart-Verlag · Stuttgart

Originaltitel: „Trees for small gardens

Lizenzausgabe für UNIPART-Verlag GmbH,
Remseck bei Stuttgart, 1988
Printed in Hongkong
ISBN 3 8122 3099 2

Vorderes Umschlagfoto: *Catalpa bignonioides*
Hinteres Umschlagfoto: *Acer palmatum „Atropurpureum“*

INHALT

Einleitung	4
Bäume auswählen	8
Bäume einkaufen	14
Richtig einpflanzen	16
Pflegen und Formen	20
Beschneiden	22
Schädlinge & Krankheiten	24
Sechzig bekannte Bäume	26
Alphabetisches Verzeichnis	48

EINLEITUNG

Ein Baum kann selbst das uninteressanteste Stückchen Erde in einen schönen Garten verwandeln. Je kleiner der Garten ist, desto wichtiger ist es, den richtigen Baum auszuwählen. Nehmen Sie einen, der über die ganze Wachstumssaison immer etwas zu bieten hat.

Ein baumloser Garten — ob groß oder klein — macht einen unvollständigen Eindruck. Wegen ihrer Größe bieten Bäume im Gegensatz zu Sträuchern und Blumen Schutz und runden das Bild ab. Ein Gartenbaum wird automatisch zu einem Blickfang (wie eine Statue) im Kontrast zu seiner horizontalen Umgebung. Er „verankert" ein Haus in der Landschaft (sehr wichtig in neuen, kahlen Wohnsiedlungen) und gibt einen Eindruck von Dauerhaftigkeit; ein Baum bleibt oft über Generationen. Bäume lassen teilhaben am Lauf ihrer Entwicklung und an ihrer Schönheit: die ansehnlichen Blüten, die Klarheit der Form; es ist faszinierend, wie sich die Zweige selbst ausrichten, um das Licht so vollständig wie möglich zu nutzen. Das Laub bietet immer einen reizvollen Anblick, ob nun bei Immergrünen mit ihrer ganzjährigen Bedeckung, oder bei Laubabwerfenden mit den schönen Färbungen.

Bei den meisten Bäumen bilden Blüten, Form und Laub eine Einheit, und sogar die Rinde — von glänzend rostbraun bei einigen Ahorn- oder Kirschsorten bis mattweiß bei den Birken — ist noch ein zusätzlicher Reiz. Die Blüten der herbstblühenden Kirsche beleben den Garten den ganzen Winter hindurch bis ins frühe Frühjahr hinein. Andere Bäume mit unscheinbareren Blüten haben dafür ansprechende Früchte, oder einen außergewöhnlichen Duft.

Es gibt niemals zwei genau gleiche Bäume, und selbst die Erscheinung eines einzigen Baumes ändert sich ständig: Etwa durch das Spiel von Licht und Schatten, oder durch die Bewegungen im Wind.

Gut ausgewählte Bäume verbinden Schönheit und praktischen Nutzen. Der Garten sieht dann nicht nur gut aus, sondern wird auch gern genutzt. Ferner bringen Bäume Leben in den Garten: Die Buddleia, die im Sommer von Schmetterlingen umgaukelt wird, oder die Eberesche, deren Früchte eine herbstliche Attraktion für die Vögel sind. In den belebten Städten und ihren Vororten schaffen Bäume eine Privatsphäre, und glätten dabei gleichzeitig die strengen, geometrischen Formen der Gebäude. Schöne Ausblicke können noch durch eine „Umrahmung" profitieren, während unschöne Anblicke verborgen werden können.

In beiden Fällen können bedacht gepflanzte Bäume helfen.

Unangenehm heiße Sommersonne ist bei uns meistens kein Problem, den-

In einem kleinen Garten ist es unmöglich, ein großes Gebäude durch das Pflanzen von Bäumen auf die Grenze zu verdecken. Statt dessen sollte der Baum viel mehr zum Auge gebracht werden — d.h. näher ans Haus und/oder den Innenhof. So verdeckt er eine wesentlich größere Fläche. Hier zeigt eine lange Meßlatte die Höhe der Abdeckung, die ein Baum bieten würde, wenn er aus dem Haus betrachtet wird.

noch können südgerichtete Gärten oder sonnige Innenhöfe von einer leichten Beschattung profitieren. Außerdem gibt es viele Pflanzen, die nur im Halbschatten wachsen können, daher pflanzen aufmerksame Gärtner Bäume auch aus diesem Grund. Bei uns ist der Schutz vor Wind eher eine angemessenere Verwendung für Bäume. Im Gegensatz zu Wänden oder soliden Zäunen, die den Wind völlig abblocken und Luftwirbel erzeugen, filtern Bäume den Wind. Sie bieten so Schutz, ohne Luftwirbel zu erzeugen und bieten außerdem einen schönen Anblick.

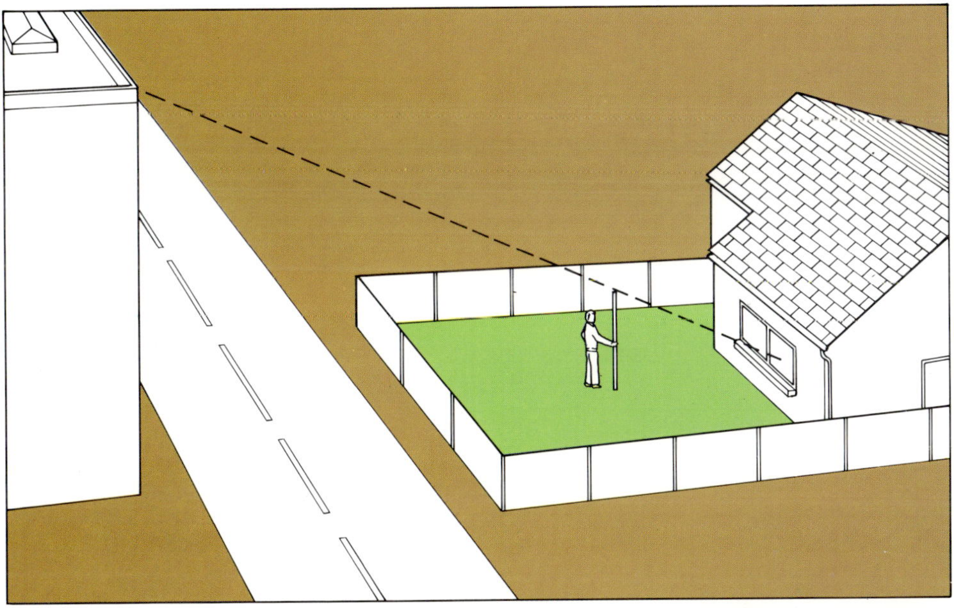

OBEN Das Plazieren von Bäumen als Sichtschutz sollte zu zweit ausgeführt werden. Einer sitzt im Haus, während der andere die Meßlatte wie angegeben bewegt, bis der beste Platz gefunden wird.

RECHTS Die gegenüber gezeigten Gebäude werden durch die sorgfältige Plazierung des Baumes und durch eine Pergola völlig verdeckt. Kletterpflanzen bieten weiteren Schutz.

BÄUME AUSWÄHLEN

Wenn man Bäume kauft, so bedeutet dies eine Langzeitinvestition an Geld, an Zeit und Platz im Garten. Spontankäufe in einem Gartencenter enden oft in herber Enttäuschung. Mit ein wenig rechtzeitiger Planung können spätere Probleme ausgeschaltet werden.

Die Bedürfnisse des Baumes Ihre Auswahl sollte sich in ersten Linie nach den Wachstumsbedingungen in Ihrem Garten richten. Einige Bäume vertragen beinahe jede Gegebenheit, andere sind dagegen ziemlich anfällig. Bedenkenswerte Umstände sind dabei die Lichtmenge, die den Baum erreicht, die Bodenart — einschließlich seines Säure- oder Kalkgehaltes, ob er wasserstauend oder gut drainierend ist — wie geschützt oder offen der Garten ist, und wie mild oder hart die örtlichen Klimabedingungen sind. Andere besondere Einschränkungen können durch salzhaltige Seewinde oder schwere Luftverschmutzung auftreten.

Hilfe bietet ein Boden-Test-Set, wie es in Gartencentern oder größeren Drogerien erhältlich ist.

Größe und Wachstumsrate Ein oft begangener Fehler ist die Wahl eines Baumes, der schnell zu groß wird. Zwar ist die endgültige Höhe einer einzelnen Art immer ein wenig unterschiedlich (je nach örtlicher Bedingung), dennoch sollte man sich vorher einen Eindruck von der Höhe und Ausdehnung der gewählten Art verschaffen. Eine einfache Skizze von Haus und Garten auf kariertes Papier genügt meistens. Nun werden die Standorte der Bäume und ihre Ausdehnung — natürlich im richtigen Maßstab — mit einem Zirkel eingetragen.

Außerdem gilt es, die Wachstumsrate der Bäume zu bedenken. Der japanische Ahorn etwa ist extrem langsamwüchsig — er braucht Jahrzehnte für die Reifung, wogegen ein Eschenahorn eher einen rasanten Wuchs hat.

Typische Wuchsformen:
1. *Acer negundo* „Variegatum“ (Eschenahorn). 2. *Betula pendula* „Youngii“ (Young's Hängebirke). 3. *Malus tschonoskii* (Holzapfel). 4. *Prunus* „Amanogawa“ (Zierkirsche). 5. *Prunus salicifolia* „Pendula“ (Trauerbirne). 6. *Juniperus virginiana* „Skyrocket“ (Wacholder).

Generell sind langsam wachsende Bäume klein und buschig, wenn sie verkauft werden. Die Wachstumsrate der Bäume sollte mit der persönlichen Zeiteinteilung abgestimmt werden; wenn man vorhat, lange am selben Wohnort zu bleiben, ist es sinnvoll, langsam wachsende Bäume zu pflanzen.

Man sollte niemals den Kauf eines zu großen Baumes damit rechtfertigen, daß er regelmäßig beschnitten werden könnte. Zwar vertragen einige einen Rückschnitt, jedoch verlieren die meisten ihren natürlichen Reiz. Kräftiger Rückschnitt macht die Bäume auch wesentlich anfälliger für Krankheiten. Bäume in Kübeln zeigen einen natürlichen „Verkleinerungseffekt". Eine Feige etwa bleibt beträchtlich kleiner, als würde man sie im offenen Boden wachsen lassen. Aber nicht alle Bäume sind für die Kübelhaltung geeignet.

Wuchsformen Auch die Form des Baumes muß beim Kauf sorgfältig bedacht werden. Der erste Eindruck läßt nicht notwendigerweise Rückschlüsse auf die Form des ausgewachsenen Baumes zu. Außerdem ändert sich die Form auch entsprechend den Wachstumsbedingungen. Je schattiger der Standort, desto schlanker und aufgerichteter wächst der Baum; einseitiger Lichteinfall bewirkt dagegen immer, daß der Baum auf der Lichtseite wesentlich mehr entwickelt ist.

Während die Auswahl nach Größe und Wachstumsrate mehr eine Sache der Vernunft ist, so ist die Formwahl eher eine Frage des persönlichen Geschmacks. Allerdings wirken manche Bäume wesentlich natürlicher als andere; viele der japanischen Kirschen-Hybriden wirken steif und sehen schrecklich aus, mit ihren merkwürdig winklig an den Stamm gepfropften Zweigen. Auch säulenförmige Bäume können künstlich wirken; allerdings brauchen sie weniger Platz und werfen weniger Schatten als ausladende

GANZ OBEN Ein Beispiel für einen Baum in „hängender" Form — *Salix caprea* „Pendula". Im Hintergrund: konische Nadelbäume.

OBEN *Laburnum x wateri* „Vossii" ist ein beliebter, kleiner Baum mit sehr schönen hängenden Blüten im Frühjahr.

Bäume von ähnlicher Höhe. Nur wenige Gärten sind wirklich zu klein für die Pflanzung eines offenkronigen Baumes. Außerdem kann die Fläche unter der Krone für andere Anpflanzungen oder für einen geschützten Sitzplatz genutzt werden.

Das Laub Immergrüne Bäume werfen — wie auch die grobblättrigen laubabwerfenden — sehr tiefen Schatten. Alle laubabwerfenden Bäume lassen viel Licht in den Garten, bieten aber auch weniger Blickschutz.

Nachbarn Zwar haben Nachbarn nicht das Recht, Sie an der Pflanzung eines Baumes zu hindern, der möglicherweise ihren Garten beschattet (oder ihr Gewächshaus), der das Licht von ihren Fenstern abhält oder Ungeziefer in ihre Pflanzungen abfallen läßt. Aber sie haben das Recht, jeden überhängenden Zweig abzuschneiden, oder jede Wurzel, die ihren Garten erreicht. Daher sollte nach Möglichkeit Auswahl und Standort des Baumes mit jedem Nachbarn besprochen werden, der von der Pflanzung betroffen ist, *bevor* der Baum gekauft wird.

Der größere Rahmen Ein Baum sollte niemals isoliert gesehen werden. Wenn sich in Ihrem Garten schon Bäume befinden, so müssen Sie diese mit in die Planung einbeziehen, damit der neue Baum eine gute Ergänzung wird. Ihr eigener Baum ist auch Teil einer größeren Landschaft. Wenn die meisten Bäume in Ihrer Straße im

LINKS Die laubabwerfende *Robinia pseudoacacia* „Frisia“ paßt gut in mittelgroße Gärten.

RECHTS Das goldene Ahorn *Acer pseudoplatanus* „Briliantissimum“ wächst in großen Gärten.

UNTEN RECHTS *Sorbus aucuparia* (die Bergesche) hat einen pyramidenförmigen Wuchs.

Frühjahr blühen, so wird ein weiterer Frühjahrsblüher nur einen geringen Eindruck machen, im Gegensatz zu einem Winterblüher. Wenn die Bäume der Umgebung sehr unterschiedlich in Laub und Farben sind, dann wirkt ein beruhigend grüner Baum am besten. Farbe und Schönheit werden oft verwechselt — ein farbenfroher Baum ist nicht unbedingt auch ein schöner.

Die Farbe wird sehr stark durch ihre Umgebung beeinflußt. Blasses Laub oder Blüten heben sich am besten von einem dunklen Hintergrund ab; dunkle Blüten und Laub am besten gegen einen blassen. Oft bilden Haus- und Gartenmauern den Hintergrund für einen Baum; pastellfarbene Steine sind ein angenehmer Kontrast zu roten Blättern, während das harte Rot der Ziegelmauern eine weiche Farbe braucht.

Bäume sollten immer mit Bedacht in ihre Umgebung eingepaßt werden. Kleine Gärten finden sich meist in dicht bebauten Gegenden. Hier wäre ein exotisch aussehender Baum durchaus passend, da auch schon sein gesamtes Umfeld von Menschenhand gestaltet wurde, oft mit sehr wenigen einheimischen Bäumen.

Ein Bauerngarten in ländlicher Umgebung sollte in den größeren Zusammenhang der Landschaft eingepaßt werden.

Kleinwüchsige Züchtungen der vorhandenen Wildbäume oder ein oder zwei Obstbäume sind hier das Richtige, exotische Bäume wirken dagegen eher merkwürdig und im wahrsten Sinne des Wortes deplaziert.

Standort In kleinen Gärten stehen die Bäume notgedrungen ziemlich dicht am Haus. Verschiedene Bäume — Weiden, Pappeln, Ulmen, Eschen und Erlen — können selbst dann gefährlich werden, wenn sie in einiger Entfernung gepflanzt sind. Ihre Wurzeln entwikkeln sich über viele Meter und dringen dabei in Rohre und Leitungen ein. In trockenen Sommern nehmen die Wurzeln oft große Mengen Wasser auf, wodurch besonders lehmige Böden schrumpfen. Dies kann sogar Fundamente einreißen. Zwar können Bäume dicht zusammengepflanzt werden, dies beeinträchtigt aber ihre Form und ihr Wachstum. Das ist nicht unbedingt ein Nachteil, denn Baumgruppen treten schließlich in der Natur auch auf. Sie wirken manchmal sehr attraktiv.

Seien Sie vorsichtig mit Drainageleitungen, Gas- und Wasserrohren oder unterirdischen Kabeln; manchmal ist es einfacher, einen geeigneten Platz hinten im Garten zu finden, als vorne. Es muß auch verhindert werden, daß der Baum Verkehrsschilder bedeckt.

Wenn Sie sich mit der Absicht tragen, einen alten Baum zu fällen und durch einen neuen zu ersetzen, fragen Sie erst bei den örtlichen Behörden — der alte Baum könnte unter Schutz stehen.

In kleinen Gärten ist die Plazierung eines Baumes oft ein Entscheidungs-

RECHTS Die Wurzeln eines Baumes, der zu dicht am Haus steht, können Schäden an den Fundamenten oder Rohrleitungen anrichten. Mit zunehmender Größe hält er immer mehr Licht ab. Vergessen Sie nicht, daß ein Baum auch Begrenzungsmauern beschädigen kann.

LINKS Der Judasbaum oder *Cercis siliquastrum* sollte wegen seiner schönen Blüten im Frühjahr viel häufiger gepflanzt werden. Unglücklicherweise ist er nicht für kalte, offene Gärten geeignet, braucht viel Sonne und geschützte Lagen mit gut drainiertem, hellen Boden. Er nimmt Störungen am Wurzelwerk übel.

prozeß, bei dem ästhetische Gesichtspunkte hintenan stehen. Daß der Baum vom Haus aus gesehen werden kann, ist wichtig. Viele Menschen mit „Ein-Baum-Gärten“ pflanzen ihren Baum natürlich in die Mitte. Das ist zwar nicht verkehrt, aber ein nicht mittig gepflanzter Baum kann manchmal viel wirkungsvoller sein. Ein Baum als Blickfang in einer gemischten Wildhecke zum Beispiel ist eine gute Alternative zur Standardlösung, dem Baum in der Mitte des Rasens.

Allerdings sollte man immer bedenken, daß Bäume, die nah am Haus oder an Mauern stehen, diese auch durch ihr Wurzelwachstum beschädigen können. Ebenso können Leitungen, die im Erdboden verlegt sind, in Mitleidenschaft gezogen werden; beachten Sie darum unbedingt diese Aspekte, wenn Sie den Standort für einen Einzelbaum in Ihrem Garten auswählen. Eine sorgfältige Planung ist deshalb sehr wichtig.

BÄUME EINKAUFEN

Die meisten Menschen kaufen die Bäume im Gartencenter. Es gibt dort eine große Anzahl bekannter Bäume, auf die zurückgegriffen werden kann, fachkundiges Personal beantwortet die Fragen und am Ende des Einkaufs kann man die Pflanzen gleich mitnehmen. Wenn Sie einen außergewöhnlichen Baum haben wollen, müssen Sie ihn in einer Spezialbaumschule bestellen. Das kann ziemlich teuer werden und dauert manchmal sehr lange. Überlegen Sie deshalb genau, ob Sie wirklich einen ganz besonderen Baum haben müssen, oder ob nicht ein anderer auch den gewünschten Zweck erfüllt.

Bäume sind auf verschiedene Weise für den Verkauf vorbereitet. Baumschulen verkaufen laubabwerfende Bäume traditionell mit freigelegten Wurzeln, die in feuchten Torf gehüllt sind. Solche Bäume sind billig, aber sie können nur während der Winterruhe gepflanzt werden. Die beste Zeit ist der späte Herbst oder das frühe Frühjahr. Vorgepackte Bäume, deren Wurzeln in Torf stecken, der dann in eine Plastiktasche eingehüllt wird, werden sehr häufig in Gartencentern verkauft. Auch diese sind billig und müssen in der Winterruhe gepflanzt werden. Man kauft sie am besten, wenn sie noch frisch sind. Immergrüne Bäume werden immer mit Wurzelballen verkauft, der in Sackjute, Plastikfolie oder Netze gehüllt ist. Man kauft und pflanzt sie im zeitigen Frühjahr oder Herbst.

Sehr beliebt und praktisch sind die Containerpflanzen. Jungpflanzen werden in kleinen Töpfen vorgezogen und laufend in größere Töpfe umgepflanzt, bis sie in einem Kübel gut angewachsen sind. Sie sind teurer, können aber zu jeder Jahreszeit gekauft und gepflanzt werden, vorausgesetzt, der Boden ist nicht gefroren oder zu naß.

Wichtige Hinweise

- Vorsicht ist geboten mit Bäumen, die ungleichmäßig oder nur nach einer Seite ausgerichtet sind. Vorsichtig auch bei toten, verwelkten oder kranken Trieben, und bei totem Laub an Immergrünen. Bäume in beschädigten Verpackungen oder Gefäßen können ein Risiko sein.

- Bei Bäumen mit freien Wurzeln oder vorgepackten sollte man nicht kaufen, wenn sie schon Laub treiben, oder im Torf angewurzelt sind.

- Vermeiden Sie Bäumchen mit Wurzelballen, deren Wurzeln um den Stamm geschlungen oder deren Ballen ausgetrocknet sind.

- Bei Containerpflanzen prüfen Sie erst, ob Sie nicht einer Fälschung aufsitzen. Dies sind Bäume, die im offenen Boden gezogen wurden, und nur für den Verkauf in Kübel gepflanzt werden. Wenn der Ballen leicht aus dem Gefäß gezogen werden kann, kaufen Sie diesen Baum nicht! Völlig unkrautfreier Kompost ist ein weiteres Warnsignal.

- Ebenso risikoreich sind Bäume, die schon zu lange im Kübel wachsen: Eine dicke Schicht von verwelktem Unkraut auf der Oberfläche des Komposts, dicke Wurzeln in den Drainagelöchern oder an der Oberfläche und Zeichen von kräftigem Rückschnitt weisen auf ältere Bäume hin.

- Wenn Sie aus einer Gruppe gleicher Bäume auswählen können, nehmen Sie solche, die ausgeglichen gewachsen sind.

Falls Sie die Bäumchen mit freien Wurzeln wegen Nässe oder Frost nicht sofort pflanzen können, müssen sie an geschützter Stelle provisorisch eingepflanzt werden. Der Boden darf nicht zu naß und der Platz muß windgeschützt sein. Ein schattiger Platz ist ebenfalls vorteilhaft. Zuerst wird ein Graben mit einer schräg abfallenden Seite ausgehoben, dann die Bäumchen hineingelehnt, die Wurzeln mit Erde bedeckt und am Schluß verdichtet.

Größe Es ist verlockend, immer den größten Baum zu kaufen; er scheint einen größeren Gegenwert zum Preis darzustellen und wirkt im Garten besser. Jedoch brauchen größere Bäume länger, um sich anzupassen als kleinere Bäume. Die sind sicherer und in 1—2 Jahren haben sie es oft schon geschafft, die größeren „Gegenspieler" zu überholen. Sehr kleine, frisch bewurzelte Pflanzen sind ungeeignet, wenn sie auch sehr billig sind. Sie brauchen mehrere Jahre, um gut anzuwachsen und können leicht zertrampelt werden. Hinzu kommt, daß solche Pflänzchen im Laufe der Zeit noch vollständig geformt werden müssen.

Zeitplan Es ist ein großer Vorteil, wenn die Zeit zwischen dem Kauf und der Pflanzung so kurz wie möglich ist. Wenn einige Tage dazwischen liegen, lagert man den Baum am besten an einer geschützten, frostfreien Stelle im Freien, oder im Stall, niemals jedoch in einem warmen Raum. Die Wurzeln dürfen nicht austrocknen. Wenn längere Verzögerungen nicht zu vermeiden sind, stellt man die Bäumchen in ein Loch mit schrägen Wänden, bedeckt die Wurzeln völlig mit Erde und lehnt den Stamm gegen eine schräge Seite. Immergrüne mit Wurzelballen oder Containerpflanzen können draußen bleiben; große, schlanke Pflanzen brauchen dann einen Windschutz.

Bei starkem Frost müssen die Wurzeln und die Kübel mit einer dicken Schicht Stroh, Torf oder Farn geschützt werden. Wieder ist es wichtig, die Wurzeln niemals austrocknen zu lassen.

RICHTIG EINPFLANZEN

Der Boden sollte am besten einen Monat oder mehr vor der Pflanzung vorbereitet werden, damit genügend Zeit für die Setzung ist; schwerer Lehmboden kann z. B. schon im Herbst oder Winter für eine Pflanzung im Frühjahr bearbeitet werden. Man gräbt ein Loch von ca. 1 m Durchmesser, gerade spatentief, und bricht den Boden mit einer Harke auf. Nun wird ein wenig Waldboden und Kompost, Dung oder Torf eingearbeitet. Diese organische Schicht verbessert die Drainage des Bodens und hilft bei der Wurzelentwicklung. Entfernen Sie Steine, Schutt und die Wurzeln der mehrjährigen Unkräuter. Unter den ausgehobenen Boden mischt man eine Handvoll Knochenmehl, bevor er ins Loch zurückkommt.

Die Methode Das Pflanzloch wird kurz vor der Pflanzung gegraben, wobei wieder auf Wurzeln der mehrjährigen Unkräuter geachtet werden muß. Es muß groß genug sein, um die volle Ausbreitung der kahlen Wurzeln des Bäumchens aufzunehmen, oder den doppelten Durchmesser des Kübels haben. Es muß so tief sein, daß der Boden nach der Pflanzung des Baumes auf dem gleichen Niveau ist wie vorher. Die Bodenmarke am Stammansatz oder die Kompostoberfläche geben Anhaltspunkte. Niemals sollten die Wurzeln in ein Loch gezwängt werden, das nur wenig größer ist als das Gefäß, aus dem sie stammen. Die Wurzeln oder der Ballen müssen fest auf dem Boden des Loches stehen; ein Luftkissen unter den Wurzeln läßt das Wasser stauen und führt zu Wurzelfäule.

Frisch gepflanzte Bäume sollten angepfählt werden. Das hilft ihnen beim Anwachsen und schützt sie vor Wind. Kräftige, hölzerne Baumstäbe, mit Holzschutz behandelt, sind in Gartencentern erhältlich. Sie müssen 30 cm tief in den Boden getrieben werden und dann noch bis knapp unter die Krone reichen. Der Stab muß vor der Pflanzung positioniert werden.

Entfernen Sie den Baum erst aus dem Kübel oder schlagen das Tuch zurück, nachdem das Loch vorbereitet ist, und der Stab gesetzt wurde; geschieht dies zu früh, können die Wurzeln austrocknen. Sehr lange Wurzeln werden auf ca. 40 cm gekürzt, tote oder beschädigte entfernt. Nun muß der Baum auf der windabgewandten Seite des Stabes ins Loch gestellt werden (Hauptwindrichtung ermitteln). Die Wurzeln werden vorsichtig ausgebreitet und mit einem Gemisch aus der ausgehobenen Erde, Waldboden, Kompost oder Torf bedeckt. Das ist besonders wichtig bei schweren Lehmböden, sandigem oder kalkigem Untergrund. Waldboden oder Kompost ist klumpiges Material, daß in einer Mischung mit dem Boden das Wachstum kräftiger Wurzeln anregt.

Die Erde wird mit den Fingern zwischen und um die Wurzeln gebracht, wobei der Baum — wie es gerade nötig ist — auf oder ab bewegt wird, um seine Erdmarke dem umliegenden Bodenniveau anzugleichen. Der Boden muß nun gut verdichtet werden. Um den Baum am Pfahl zu befestigen, benutzt man am besten Plastik-Baumbänder. Vermeiden Sie möglichst Draht, da er sich in den Stamm einschneiden kann, wenn der Baum wächst. Eine Befestigung muß knapp unterhalb der Spitze des Pfahls sein, eine andere 45—60 cm über dem Boden. Bei vielstämmigen Bäumen wird der Haupttrieb am Stab befestigt. Um den Wurzelverlust auszugleichen, den der Baum beim Ausgraben erlitten hat, werden nun die Zweige der Krone um ein Drittel bis ein Viertel zurückgeschnitten.

Das Pflanzen von Bäumen mit Ballen oder Kübelpflanzen ist ein ähn-

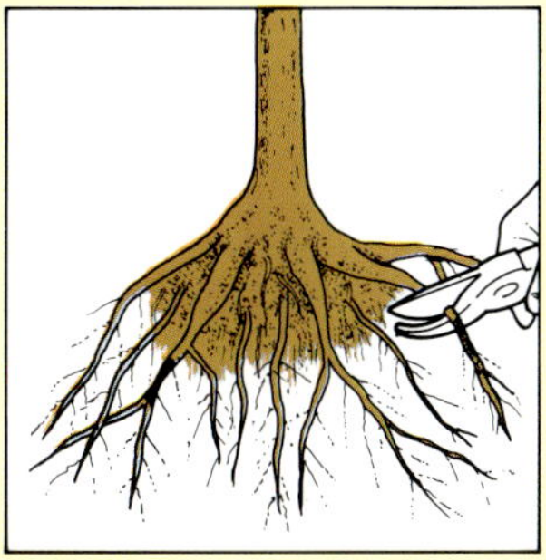

1. Vor der Pflanzung des Bäumchens müssen beschädigte oder tote Wurzeln abgeschnitten werden.

2. Ein Brettchen zeigt das Bodenniveau an. Die Bodenmarke des Stammes sollte eben unterhalb dieses Punktes sein.

3. Ein Pfahl zur Sicherung muß vor der Pflanzung eingeschlagen werden, um Wurzelschäden zu vermeiden.

4. Die Erde wird mit den Fingern zwischen und um die Wurzeln gebracht, wobei der Baum nivelliert wird.

5. Ist der Boden eingefüllt, muß er gründlich mit den Füßen verdichtet werden.

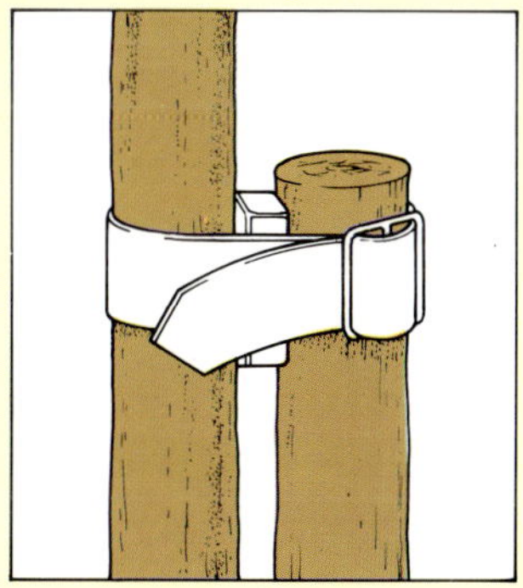

6. Plastik-Baumbänder mit Schnalle und Puffer werden gebraucht, um den Stamm am Pfahl zu sichern.

licher Vorgang, der sich nur wenig unterscheidet.

Bevor die Pflanze aus dem Gefäß entnommen wird, muß sie gut gewässert werden. Dabei muß der Wurzelballen intakt bleiben, und die kreisförmig gewachsenen Wurzeln werden ausgebreitet. Verwundete oder beschädigte Wurzeln werden zurückgeschnitten, da sie den Baum niemals sicher verankern werden. Auch die Länge wird korrigiert, bevor sie im Pflanzloch ausgebreitet werden; dabei darf der Wurzelballen nicht beschädigt werden. Der Raum zwischen dem Ballen und den Seiten des Loches wird nun vorsichtig mit Erde oder dem oben beschriebenen Gemisch gefüllt und verdichtet.

Bewässern Die frisch gepflanzten Bäume müssen gründlich gewässert werden. Bei trockenen Bodenverhältnissen muß eine flache Vertiefung in die Oberfläche des Bodens gearbeitet werden, um das Wasser für die Wurzeln zu sammeln.

Bei schweren Tonböden wird am Fuß des Bäumchens eine kleine Erhebung angelegt, die das Wasser von den Wurzeln weg leitet.

Kübelpflanzen In Gefäße gepflanzte Bäumchen verleihen einem Sitzplatz im Garten eine angenehme Note. Viele der Bäume, die in der auf Seite 28 beginnenden Liste erwähnt sind, eignen sich für diese Art der Pflege. Vorsicht ist jedoch geboten, diese auf Balkonen oder Dachgärten zu verwenden, ohne vorher zu prüfen, ob das Gewicht der Bäume nicht zu groß wird.

Es stehen Gefäße und Kübel in reicher Auswahl zur Verfügung. Zuerst muß aber sichergestellt sein, daß das Gewicht groß genug ist, um das Gegengewicht zum Bäumchen zu sein. Holztonnen oder hölzerne Faßhälften sind angemessene Pflanzgefäße für die meisten Bäume. Das Holz muß mit einem Konservierungsmittel bearbeitet werden — aber eines, das nicht schädlich für die Pflanzen ist. Auch Terracotta-Gefäße mit schönen Formen sind in reicher Auswahl vorhanden. In strengen Wintern müssen sie mit einer Schicht aus Sackjute oder Kunststoffolie bedeckt werden.

Aus welchem Material auch immer — der Kübel muß eine ausreichende Größe haben. Empfehlenswert sind hierbei 35 cm in jede Richtung. Das bedeutet genügend Erdreich, um den Baum zu unterstützen und den Frost abzuhalten.

Die Methode Es ist sicherzustellen, daß das Gefäß mit ausreichender Drainage im Boden versehen ist. Wenn der Boden des Gefäßes eben ist, sollte es mindestens 2,5 cm über das Niveau des Standortes erhöht werden, so daß das Wasser ungehindert abfließen kann. Zuerst muß eine ca. 5 cm starke Drainageschicht ins Gefäß — Tonscherben oder grober Kies. Falls zur Hand, folgt nun ein mit der Unterseite nach oben gelegtes Stück Rasen, oder eine Schicht groben Torfes, um zu verhindern, daß der Boden in die Drainageschicht gewaschen wird und sie verstopft. Der gewählte Kompost sollte auf Erdbasis sein, um die nötige Stabilität sicherzustellen. Dann wird der Wurzelballen fest ins Gefäß gesetzt und mit Kompost rundherum fixiert. Das Gefäß wird so Lage um Lage gefüllt, wobei der Kompost zwischen die Wurzeln gearbeitet wird. Oben muß ausreichend Platz für das Begießen im Gefäß bleiben.

Der Herbst ist erfahrungsgemäß die beste Zeit, um laubabwerfende Bäume zu pflanzen, bei Immergrünen jedoch ist das Frühjahr sicherlich geeigneter.

Das Pflanzgefäß muß ein wenig über den Boden erhoben werden, dann folgt eine Schicht Drainagematerial, eine Schicht grober Torf, schließl. wird es mit erdigem Kompost gefüllt.

Beschnittene Lorbeerbäumchen *(Laurus nobilis)* sind sehr beliebte Kübelpflanzen; sie brauchen aber einen besonderen Frostschutz.

Pflege Jeder in Gefäßen wachsende Baum ist in allen seinen Bedürfnissen vom Gärtner abhängig. Während des Wachstums muß Dünger (oder Flüssigdünger) gegeben werden, in 14tägigen Intervallen oder nach den Anweisungen des Herstellers.

Zwar hemmt der nur begrenzte Raum das Wachstum des Baumes, aber es kann doch nötig sein, den Wuchs zurückzuschneiden, um das Bäumchen gut ausbalanciert zu halten.

Einmal im Jahr werden die oberen 5 cm des Bodens ersetzt, vorzugsweise durch einen Mulch aus Walderde. Die Hauptgefahr im Winter droht durch den Frost, der das ganze Erdreich und die Wurzeln der Pflanze durchdringen kann. Eine genügend große Erdmenge hilft zwar, diese Gefahr zu verringern, sicherheitshalber sollte das Gefäß und der Fuß des Bäumchens sicherheitshalber mit Sackjute, Plastikfolie oder einer Schicht Stroh gegen die Kälte geschützt werden. Ferner darf im Winter nur wenig gegossen werden, die Wurzeln sollten aber nicht austrocknen.

Pflanzzeiten

- Laubabwerfende Bäume werden am besten in der Zeit von Spätherbst bis Frühjahr gepflanzt.
- Immergrüne pflanzt man vom frühen bis späten Herbst oder im ganzen Frühjahr.
- Containerpflanzen können das ganze Jahr über gepflanzt werden.

Um zu verhindern, daß der Kompost durchfriert, muß das Gefäß im Winter mit Sackjute, Plastikfolie oder einer Schicht Stroh umwickelt werden. Zwar darf nicht viel gegossen werden, der Kompost soll aber nicht völlig austrocknen.

PFLEGEN UND FORMEN

Neu gepflanzte Bäume müssen regelmäßig befestigt werden, wenn Frost oder Wind sie gelockert haben. Eingelebte Bäume brauchen kaum zusätzliche Bewässerung, anders als die neu gepflanzten, besonders in trockenen und heißen Zeiten. Eine kurze Dusche aus einer Gießkanne ist längst nicht so wirkungsvoll wie eine langsame Bewässerung mit dem Schlauch oder ein Gartensprenger in der Nähe des Baumes.

Junge Koniferen und andere Immergrüne können vor kalten Winden oder Winterfrösten mit einem Schutz aus Jute oder Windschutznetzen umgeben werden, der an mehreren kräftigen Stäben oder kleinen Pfählen befestigt wird.

In Kübeln gezogene Bäumchen, die im späten Frühjahr oder Sommer gepflanzt werden, können leicht austrocknen. Das gleiche gilt für frisch gepflanzte Immergrüne, da ihr Laub ständig Wasser verdunstet. Ein Windschutz hilft bei der Reduzierung der Verdunstung. Hierzu wird eine provisorische Wand aus Bambus, Sackjute oder Plastikfolie auf die Windseite des Baumes gestellt.

Für frisch gepflanzte Immergrüne oder ziemlich zarte Bäumchen ist auch ein zusätzlicher Frostschutz nützlich. Wenn Frost droht, muß eine Abdeckung locker um den Baum herum gemacht werden.

Hat sich der Baum erst eingelebt und beginnt zu wachsen, so bietet ihm eine alljährliche Gabe von Waldboden, gut verrotteter Kompost, Dung oder Lauberde viele der benötigten Nährstoffe. Dieser Mulch hält die Feuchtigkeit im Boden, das Unkraut nieder (wenn die Oberfläche unkrautfrei war) und verbessert die Bodenstruktur. Desgleichen wird die Bodentemperatur geregelt und — im Falle von Borken-Rinden-Mulch — für ein schönes Aussehen gesorgt.

Jedes Frühjahr kann der Boden auch gedüngt werden, obwohl dies die Vorteile des Mulches nicht aufwiegt.

Es können auch Blattdüngungen mit Sprays durchgeführt werden. Beim Umgang mit Düngern ist immer den Anweisungen des Herstellers zu folgen, es sollte nie zu hoch dosiert werden.

Während der ersten 3 Jahre müssen die Konkurrenzpflanzen in der Nachbarschaft niedrig gehalten werden. Um einen auf dem Rasen stehenden Baum muß ein Kreis von ca. 1 m freigehalten werden. Dazu sollte regelmäßig gehackt oder ein Mulch aus Rinden und Borken aufgebracht werden. Er hält den Rasen in Grenzen und das Unkraut ab. Viele Bäume — einschließlich der blühenden Kirschen — haben flache Wurzeln, daher sollte nicht tiefer als 2 cm gehackt werden!

Mit dem Wachstum des Stammes müssen auch die Kunststoffbefestigungen verändert werden. Der Stützpfahl kann nach einem, spätestens aber nach 2 Jahren entfernt werden. Nach dieser Zeit ist ein Baum über seine eigenen Wurzeln ausreichend fest verankert. Der Pfahl muß vollständig entfernt werden, er darf nicht einfach auf Bodenniveau abgesägt werden!

Es müssen alle Triebe entfernt werden, die am Fußpunkt einstämmiger Bäume austreiben, besonders bei gepfropften. Hierzu muß die Wurzel freigelegt werden, von der der Austrieb stammt, und dieser dann sauber abgeschnitten werden. Schneidet man sie nur auf Bodenniveau ab, so wird nur die Neubildung angeregt.

Die meisten Bäume sind „vorgeschnitten“ in Busch-, Halbstandard- oder Standardform und werden in Höhen von 60 cm, 1,2 m und 1,5 m angeboten. Bei einigen Bäumen — etwa bei *Buddleia alternifolia* — muß das Beschneiden selbst übernommen werden. Hierzu wird ein kräftiger Zweig ausgesucht und an einem Pfahl festgebunden — der Haupttrieb. Alle anderen Seitenzweige und alle später erscheinenden Zweige werden zurückgeschnitten. Wenn die gewünschte Höhe erreicht ist, lassen Sie vom Haupttrieb mehrere Zweige ausgehen, die dann die Krone formen. Kunstvolle Schnittformen, wie man sie an Bäumen aus Schloßgärten und -parks kennt, sollten Sie zunächst gar nicht versuchen. Bäume, die einen solchen Schnitt vertragen, müssen recht alt sein, und ein solcher Kunstschnitt erfordert sehr große gärtnerische Fertigkeiten.

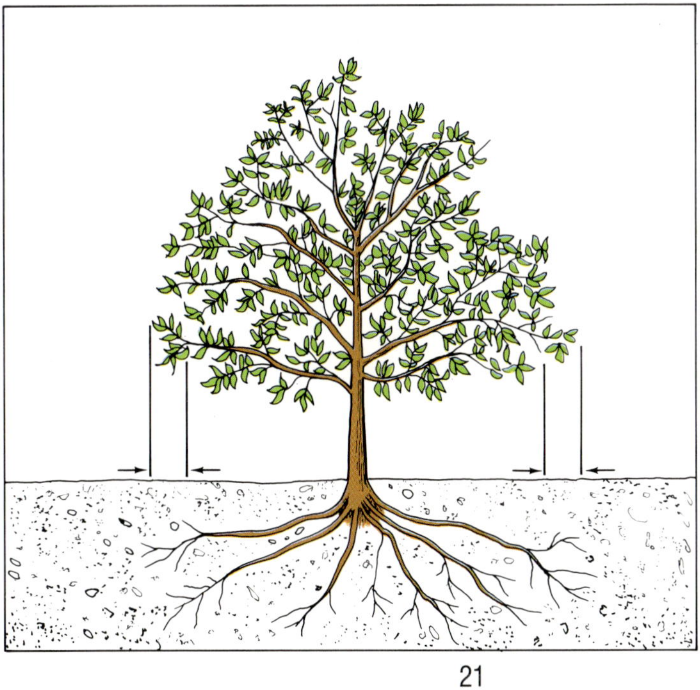

Das Wurzelsystem eines Baumes breitet sich fast genauso weit aus wie die Zweige. Dieser Durchmesser des Wurzelwerkes ist die ideale Fläche für Dünger. Gedüngt wird am besten im Frühjahr.

BESCHNEIDEN

Richtiges Beschneiden hält einen Baum gesund und schön. Ein korrektes Beschneiden berücksichtigt die natürliche Wuchsform und Größe des Baumes, verfolgt einen bestimmten Zweck und erfolgt zum richtigen Zeitpunkt. Grundsätzlich läßt sich sagen, je besser der erste, vorbereitende Schnitt eines Baumes ist, desto weniger muß er später beschnitten werden.

Richtlinien für das Beschneiden

- Es muß totes, krankes, beschädigtes oder schwaches Holz zurückgeschnitten werden, bis zum gesunden Wuchs. Dies sollte immer dann geschehen, sobald es festgestellt wird.
- Es ist besonders wichtig, die Ausbildung von Konkurrenztrieben zu vermeiden. Manchmal bildet ein junger, einstämmiger Standardbaum einen sehr starken aufwärtswachsenden Zweig aus, der mit dem Haupttrieb rivalisiert. Greift man nicht ein, dann führt das Wettrennen dazu, daß sich der Stamm gabelt, und der Baum seine Form verliert. Suchen Sie den zentraleren der beiden Triebe aus und schneiden Sie den anderen bis zum Ansatz zurück.
- Entfernen Sie alle Zweige, die in einem unansehnlichen Winkel wachsen.
- Zu dicht stehendes Holz muß ausgedünnt werden — es müssen selektiv ältere Zweige herausgeschnitten werden, um Licht und Luft in die Mitte des Baumes zu lassen. Dies nützt der Erscheinung des Baumes, und reduziert die Gefahr von Schädlingsbefall oder Krankheiten, die gerade bei zu dichtem Wuchs aufkommen. Das Ausdünnen verjüngt den Baum, da die Kraft in das verbleibende Holz geleitet wird und die Erzeugung neuer Triebe anregt.

Die Technik Das Entfernen von Hauptzweigen an gut eingewachsenen Bäumen sollte nur von Fachleuten ausgeführt werden. Wenn Sie selber sehr versiert sind, dann entfernen Sie den Zweig in mehreren Arbeitsgängen, um zu verhindern, daß die Rinde des Stammes einreißt. Zerlegen Sie den Ast zuerst in Teile, bis nur noch ein Stummel von ca. 60 cm Länge übrig ist. Dann machen Sie einen flachen Schnitt in die Unterseite in der Nähe Abzweigung vom Stamm. Dies verhindert, daß die Rinde des Stammes einreißt, wenn

Ein Schnitt sollte gerade über einer Knospe erfolgen.

Zu weit über einer Knospe und im falschen Winkel.

Schlechte Schnitte — zu dicht über der Knospe und unsauber.

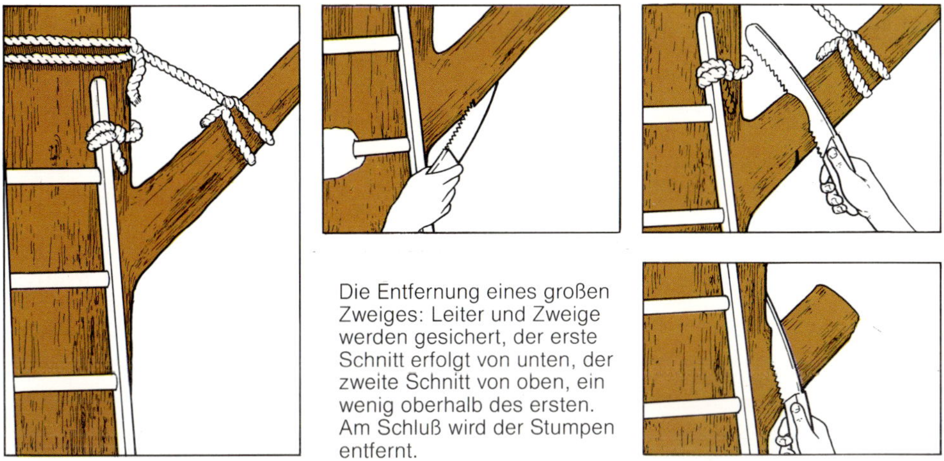

Die Entfernung eines großen Zweiges: Leiter und Zweige werden gesichert, der erste Schnitt erfolgt von unten, der zweite Schnitt von oben, ein wenig oberhalb des ersten. Am Schluß wird der Stumpen entfernt.

der Ast in einem Stück wegbricht. Sägen Sie nun von oben nach unten durch den Ast, etwa 15 cm vom Stamm entfernt, um das Hauptgewicht zu entlasten. Am Schluß wird ein sauberer Schnitt entlang des Stammes ausgeführt, so daß ein 15—25 mm langer Stumpen übrigbleibt. Die Ränder dieser Wunde werden mit einem Messer gesäubert. Es wird eine versiegelnde Lösung aufgetragen. Abbruchstummel sollten in der gleichen Weise behandelt werden, indem sie dicht am Stamm abgeschnitten werden. Auch hier wird am Schluß eine Versiegelung der Wunde vorgenommen.

Der Zeitpunkt Der beste Zeitpunkt für das Beschneiden ist unterschiedlich, es steckt jedoch Logik dahinter. Die meisten laubabwerfenden Bäume werden in ihrer Winterruhe beschnitten, vom späten Herbst bis zum zeitigen Frühjahr. Dann fließen im Baum keine Säfte und er hat Zeit, die Wunde zu verschließen. Zierkirschen und Pflaumen werden am besten im Sommer beschnitten, um die Gefahr der Erkrankung zu verringern. Ahorn und Birke „bluten" sehr stark, wenn sie beschnitten werden, daher geschieht dies bei ihnen am besten im Spätherbst, so daß die Wunde sich bis zur nächsten Saison noch schließen kann. Auch Koniferen bluten heftig. Sie werden daher im Herbst beschnitten. Großbelaubte Immergrüne — etwa die Stechpalmen — werden Mitte bis Ende des Frühjahres beschnitten.

Die Werkzeuge Es werden qualitativ gute Beschneidungswerkzeuge benötigt, die stets nachgeschärft werden müssen. Außerdem braucht man ein paar feste Handschuhe, und eine kräftige Baumschere, vorzugsweise mit Schneideklingen an beiden Blättern (Scherentyp). Baumscheren mit nur einer Schneide quetschen das Holz leicht, anstatt sauber zu schneiden. Für Zweige mit größerem Durchmesser benutzt man besser eine Säge oder eine Baumsäge mit langen Griffen; letztere ist besonders dienlich beim Erreichen der kleinen Zweige. Zum Schluß wird noch ein Beschneidemesser gebraucht, um die Rindenreste an den großen Wunden zu entfernen. Sparen Sie nicht bei der Anschaffung Ihres Werkzeugs! Gutes Werkzeug hat seinen Preis, hält aber deutlich länger und sorgt für bessere Ergebnisse.

SCHÄDLINGE & KRANKHEITEN

Ein Baum, der ursprünglich gesund, an die richtige Stelle, mit der richtigen Vorbereitung gepflanzt und danach ausreichend gepflegt wird, ist nicht sehr anfällig für Schädlinge und Krankheiten. Inspizieren Sie Ihre Bäume regelmäßig und ergreifen Sie schon beim ersten Anzeichen eines Befalls geeignete Maßnahmen.

SCHÄDLINGE

Blattläuse (Grüne und schwarze Blattlaus) Kleine Insekten, die sich von jungen Trieben und Blättern ernähren. Sie saugen den Saft, wodurch das Laub verformt und verfärbt wird. Sie verbreiten auch Viruskrankheiten. Man kann ihnen mit Sprays begegnen.

Woll- oder Schmierläuse Sie sind eine besondere Form der eben genannten Schädlinge, die sich selbst mit einer weißen, wachsigen Schicht schützt, die wie ein kleines Baumwollflöckchen aussieht. Die Läuse befallen auch Stämme, Äste und Zweige, beschädigen das Holz und lassen so die Pilzsporen eindringen, die Baumkrebs und andere Krankheiten erzeugen. Sie können durch kräftiges Sprayen beseitigt werden.

Raupen Diese fressen Löcher in die Blätter und fallen auch Blüten und Früchte an. Mit Spray bekämpfen.

Rote Spinnmilben Sie sind keine echten Spinnen, sondern winzige Milben, die auf der Unterseite der Blätter zu finden sind. Sie saugen den Saft und erzeugen dadurch ungesundes, schwaches Laub, das auch früher abgeworfen wird. Es sind manchmal feine Gewebe aus Spinnfäden zu finden. Ein Befall ist bei heißem, trockenem Wetter am schlimmsten. Mit Spray bekämpfen.

Schaleninsekten Lausähnliche Insekten, die sich an der Rinde, den Trieben oder Blättern festhalten und Saft saugen. Sie scheiden eine klebrige Substanz aus, die das Wachstum eines schwarzen Pilzes anregt. Mit Spray bekämpfen.

KRANKHEITEN

Krebs Dieser kann pilzlichen oder bakteriellen Ursprungs sein. Er erscheint als eingesunkener, eingebrochener oder manchmal durchschimmernder Fleck auf der Rinde. Die infizierten Stellen

Blattläuse ernähren sich von jungen Trieben und Blättern.

Raupen fressen Löcher in Blätter und Blüten.

Schaleninsekten werden oft an der Rinde gefunden.

müssen ausgeschnitten und die Wunde versiegelt werden.

Rotfleckenkrankheit Rötliche Pusteln bilden sich am toten Holz und breiten sich auf das neue Wachstum aus. Behandeln wie Krebs.

Feuerbrand Eine sehr ernstzunehmende, bakterielle Krankheit, die besonders die Mitglieder der Rosenfamilie *Rosaceae* befällt. Die Hauptsymptome sind verdorrte, braune Blüten und dunkelbraune Blätter an den Enden der Zweige. Sie sehen aus, als seien sie verbrannt, sind aber bei Berührung noch weich. Es ist ebenfalls eine rötlichbraune Verfärbung unter der Rinde zu finden. Bei einem Befall muß das nächstgelegene Pflanzenschutzamt benachrichtigt werden.

Honigpilz Dieser befällt eine sehr große Anzahl verschiedener Bäume, besonders solche, die in der Nähe toter, abgestorbener Baumstümpfe gepflanzt sind. Der Pilz wächst zwischen den Wurzeln; im Spätsommer oder Herbst erscheinen honigfarbene Giftpilze an der Oberfläche und am Ansatz des toten Stammes. Symptome zeigen sich durch dünnes Laub oder frühzeitige Herbstfarben und Laubabwurf, es kann aber mehrere Jahre dauern, bevor der Baum stirbt. Graben Sie schwer befallene Bäume aus und verbrennen Sie sie zusammen mit ihren Wurzeln. Behandeln Sie leichteren Befall — und den Boden, nachdem der Baum entfernt wurde — mit einer speziellen Emulsion. Der so behandelte Boden sollte in den nächsten 8 Monaten unbepflanzt bleiben. Schützen Sie gesunde Bäume alljährlich, indem Sie sie mit dieser Emulsion behandeln, bis die Krankheit ausgerottet ist.

Blattflecken Eine Pilzkrankheit, die schwarze oder bräunliche Flecken auf dem Laub hervorruft. Sammeln Sie das befallene Laub und verbrennen es. Der Baum kann im Winter in seiner Ruhezeit mit einer Lösung gewaschen oder im Sommer mit Fungiziden behandelt werden.

Pfirsichlaubkrankheit Eine Krankheit, die auch Mandeln und Nektarinen befällt. Das junge Laub schwillt an, verformt sich und wird leuchtend rot in der Farbe. Junge Zweige sterben ab. Auch hier kann Spray helfen.

Mehltau Eine Pilzkrankheit, die eine weiße, mehlige oder pulverige Bedeckung des Laubes, der Blüten und der jungen Triebe hervorruft. Sie schwächt das Wachstum. Mehltau tritt häufig auf, wenn die Luft sehr feucht ist, der Boden dagegen trocken. Auch hier hilft eine Behandlung mit Spray.

Rost Eine Pilzkrankheit, die durch ihre charakteristischen, kleinen, rostroten Flecken auf den Blättern auffällt. Auch hier hilft eine Behandlung mit Spray.

Silberlaub Eine Pilzinfektion, die besonders Kirschen und verwandte Bäume befällt. Ein metallisch-silbriger Schein auf den Blättern, zerplatztes Blattgewebe und braune Blattränder sind die Symptome. Auch im Holz der Triebe ist eine Braunfärbung festzustellen. Die Infektion tritt nur durch Wunden auf, daher sollte man beim Beschneiden große Vorsicht walten lassen. Befallene Zweige müssen bis 15 cm unterhalb der Infektion abgeschnitten (sichtbar an der Braunfärbung) und die Schnittfläche versiegelt werden. Sehr schwer befallene Bäume müssen ausgegraben und verbrannt werden.

Wenn Sie Ihren Garten in Ordnung halten, Äste und Blätter von kranken Bäumen immer verbrennen und darauf achten, daß kaum Unkraut wächst, verhindern Sie die Ausbreitung von Infektionen und Schädlingen.

SECHZIG BEKANNTE BÄUME

Es sind Hunderte von Baumsorten und Züchtungen im Handel erhältlich, daher ist nur eine begrenzte Liste möglich. Die hier beschriebenen Bäume eignen sich für die verschiedensten Wachstumsvoraussetzungen, sind leicht zu beziehen und zu pflegen. Sie alle haben das ganze Jahr über eine schöne Form.

Abies koreana

Die Koreatanne sieht wie ein verkleinerter Weihnachtsbaum aus. Die neuen Triebe sind beige; reifes Laub ist dunkelgrün von oben und silbrig weiß von unten. Die schönen blau-violetten Zapfen werden auf den horizontalen Zweigen aufrecht getragen. Langsamwüchsig; kühler feuchter Boden; Sonne oder Schatten. Ungeeignet für kalkige Böden oder verschmutzte Luft. H 5 m, B 1,8 m.*

Acer griseum

Die Borke dieses Ahorns schält sich ab, wodurch langsam die leuchtend orangene, junge Rinde darunter freigelegt wird. Die aus drei Teilen bestehenden Blätter sind hellgrün, mit silbriger Unterseite; im Herbst werden sie erst rot und orange, bevor sie abfallen. Langsam wachsend. Gut drainierter Boden; Sonne oder Teilschatten. H 7,5 m, B 4,5 m.

Acer japonicum

„Aureum“ Es braucht mehrere Jahre, bis der goldene Japanahorn zu einem kleinen Bäumchen herangewachsen ist, mit anmutigen horizontalen Zweigen. Im Frühjahr bilden die jungen, gelben Blätter mit den hängenden Dolden der winzigen, rötlich-braunen Blüten einen schönen Kontrast. Im Alter wird das Laub grüner. Feuchter, gut drainierter Boden; Teilschatten und Schatten. H 3,5 m, B 3,5 m.

Aver negundo

„Variegatum“ Der silbrig-belaubte Eschenahorn ist ein kräftiger, schnellwüchsiger Baum. Leuchtend grüne, junge Triebe und Laub; Blätter kräftig weiß gerandet. Vereinzelt tragen Zweige auch nur grüne Blätter. Sie müssen schnell entfernt werden, damit der Baum nicht ganz grün wird. Gut drainierter Boden; Sonne oder Teilschatten. H 10 m, B 8 m.*

OBEN Der goldene Ahorn *Acer japonicum* „Aureum“ wächst meist außergewöhnlich langsam.

RECHTS Die Koreatanne *Abies koreana* hat sehr attraktive, purpurne Zapfen und ist von niedrigem Wuchs.

* = geeignet für Kübelhaltung
H = Höhe
B = Breite

OBEN Das Goldene Bergahorn *Acer pseudoplatanus* „Brilliantissimum" hat im Frühjahr die schönsten Farben.

OBEN RECHTS Die Art *Arbutus unedo* hat pinkfarbene Blüten und trägt erdbeerähnliche Früchte.

Acer palmatum
„Dissectum Atropurpureum" Der purpurrote, gefiedert belaubte Japanahorn wird schließlich zu einem kleinen, kuppelförmigen Baum, meistens mit unregelmäßigen Umrissen und hängenden Zweigen. Sein fein gefiedertes braun-rotes Laub wird im Herbst leuchtend rot. Feuchter, gut drainierter Boden; Sonnenlicht oder heller Schatten; Schutz vor Nord- und Ostwind sowie späten Frösten. H 4,5 m, B 4,5 m.*

Acer pseudoplatanus
„Brilliantissimum" Im Gegensatz zum Gemeinen Bergahorn ist diese Goldene Bergahorn sehr ansprechend und von schönem Wuchs. Das junge Laub im Frühjahr ist zuerst rötlich, wird dann gelb und schließlich grün. Sehr langsam wachsend. Kräftiger Boden; Sonne und Schatten. H 4,5 m, B 3,5 m.

Amelanchier lamarckii
Die Felsenbirne wächst zu einem großen, buschigen, vitalen Strauch oder vielstämmigen, rundlichen Baum heran. Dem im Frühjahr bronzefarbenen Laub folgt eine große Anzahl weißer Blüten, die im Juni zu leuchtend roten Beeren werden. Diese Beeren sind bei Vögeln sehr beliebt. Im Herbst werden die ovalen Blätter erst hellgelb, dann orange und vor dem Abwurf noch rot. Feuchter, gut drainierter, kalkfreier Boden; Sonne oder hellen Schatten. H 7,5 m, B 6 m.*

Arbutus unedo
Die rundlichen, roten Früchte des Erdbeerbaums erinnern vage an Erdbeeren, sind eßbar, aber nicht wohlschmeckend. Die Früchte und Blüten bilden sich im Spätherbst; letztere sind weiß oder rosa und erinnern an Maiglöckchen. Der Erdbeerbaum wächst sehr langsam zu einer verkrümmten und sonderbaren Gestalt heran. Meistens ist er vielstämmig, mit rot-brauner, gelegentlich abschälender Rinde. Die immergrünen Blätter sind oval, leicht gezahnt und glänzend. Gut drainierter Boden (kalkliebend); Sonne und Schatten. Ungeeignet für kalte, ungeschützte Gärten. Empfindlich bei Störungen am Wurzelwerk, daher sind vorgezogene Pflanzen für die Auspflanzung zu empfehlen. H 4,5 m, B 5 m. Etwas bekannter ist *A. u.* „Rubra", die viele Früchte trägt.

Betula pendula
„Youngii" Young's Hängebirke wird zu einem kuppelförmigen Baum mit silbrig-weißer Rinde und herzförmigen Blättern. Sie wächst sehr schnell und wirft wenig Schatten, ist aber flachwurzelnd (beeinträchtigt die Pflanzen in der Nähe) und von kurzer Lebensdauer. Gut drainierter Boden; Sonne oder Teilschatten. Ungeeignet für felsige Böden. H 4,5 m, B 3,5 m.

* = geeignet für Kübelhaltung
H = Höhe
B = Breite

Buddleia alternifolia
Ähnlich dem Gewöhnlichen Schmetterlingsbaum *(B. davidii)*, hat sie wesentlich mehr Charme mit ihren gekrümmten Zweigen, die denen einer Trauerweide ähneln. Im Sommer hat sie entlang der Zweige duftende, lila Blüten. Die langen, schlanken Blätter sind dunkelgrün mit silbriger Unterseite. Fertig geformte Exemplare sind kaum zu erhalten, aber junge Pflanzen können relativ leicht zurechtgeformt werden. Sehr wuchskräftig. Gewöhnlicher, gut drainierter Boden; volles Sonnenlicht. Empfindlich gegen Störungen der Wurzeln; vorgezogene Pflanzen sind für die Auspflanzung am besten. Jedes Jahr nach der Blüte Rückschnitt auf ca. $^{1}/_{3}$ der Zweige. H 3,5 m, B 1,8 m.*

Buddleia alternifolia ist ein sehr liebenswerter, kleiner Baum, der sich gut als Einzelexemplar auf Rasenflächen macht. Er blüht im Sommer.

Nur für große Gärten — der goldene Trompetenbaum *Catalpa bignonioides* „Aurea". Dies ist ein sehr schnell wachsender, laubabwerfender Baum.

GANZ OBEN Blüten des Judasbaums, *Cercis siliquastrum;* sie erscheinen an den kahlen Zweigen.

OBEN Die Cordyline *australis* „Atropurpurea".

Catalpa bignonioides
„Aurea" Der Goldene Trompetenbaum hat sehr große, herzförmige Blätter von gelblicher Farbe und weiße, fuchsschwanzähnliche Blüten im Sommer. Gelegentlich folgen der Blüte lange, hängende, grüne Bohnen, aber nur in heißen, sonnigen Jahren. Catalpa ist sehr schnellwüchsig mit weit ausladender Krone, daher nicht geeignet für kleine Gärten. Das Holz ist brüchig, Windschutz ist wichtig; späte Fröste können die jungen Triebe schädigen. Gut drainierter, nährstoffreicher Boden; volles Sonnenlicht. Höhe 6 m, Breite 7,5 m.

Cercis siliquastrum
Der Judasbaum (angeblich hat sich Judas Ischariot an ihm erhängt) ist sehr schön; manchmal einstämmig, sehr häufig jedoch verzweigt der Stamm oberhalb der Erdoberfläche in mehrere Triebe. Im Frühjahr sind die schwarzen Zweige mit pinkfarbenen Blüten besetzt, denen das herzförmige graugrüne Laub folgt. Aus den eßbaren Blüten werden purpurne Schoten. Gut drainierter, sandiger Boden, Sonne und Schutz. Nicht geeignet für kalte, offene Gärten. Empfindlich gegen Störungen an den Wurzeln. Höhe 4,5 m, Breite 4,5 m.

Chamaecyparis lawsoniana
„Columnaris" Diese säulenförmige Lawson-Scheinzypresse braucht nur wenig Platz. Ihre flache, pfrienförmige Belaubung, blau von unten und an den Spitzen, wird auf dichtgepackten, aufwärts wachsenden Zweigen getragen. Durch seine sehr ungewöhnliche Form muß dieser Baum mit besonderer Sorgfalt positioniert werden. Gut drainierter Boden; Sonne oder Teilschatten. Höhe 4,5 m, Breite 60 cm.

Cordyline australis
Dies ist eine nur bedingt winterfeste Verwandte der Yukkapalme. Sie formt einen schlanken, blattlosen Stamm, der von mehreren aufgerichteten Zweigen gekrönt wird, von denen jeder eine lockere Rosette immergrüner Blätter trägt. Kleine, duftende, weiße Blüten im Sommer. Die Cordyline kann in großen Töpfen oder Kübeln gehalten werden. In Kübeln wird sie max. 1,8 m hoch. Gut drainierter, sandiger Boden; Sonne und Schutz; ungeeignet für kalte, offene Gärten. „Atropurpurea" ist eine besonders dekorative Form mit purpurnen Blättern. Höhe 4,5 m, Breite 2,5 m.*

LINKS Im späten Winter blüht *Cornus mas* reich. Auf die Blüten folgen eßbare, rote Früchte.

UNTEN Die verdrehten Zweige und die gelben Kätzchen des Korkenzieherhasels *Corylus avellana* „Contorta“ bilden garantiert einen Blickfang.

Cornus mas

Die Kornelskirsche hat winzige gelbe Blüten, weniger auffällig als die anderer *Cornus*-Arten. Sie werden jedoch in großer Fülle auf den blattlosen Trieben getragen, sogar schon im späten Winter, wenn im Garten sonst fast gar keine anderen Blüten zu sehen sind. Auf die Blüten folgen eßbare, rote Früchte. Das Laub wird im Herbst purpurrot. Sie wächst sich im Laufe der Zeit zu einem ein- oder mehrstämmigen Baum aus. Gut drainierter Boden, auch Kalk; Sonne oder Teilschatten. H 4,5 m, B 4,5 m.

* = geeignet für Kübelhaltung
H = Höhe
B = Breite

Cotinus coggygria

„Royal Purple“ Der Perückenstrauch oder Venezianische Sumach ist ein Strauch, der schließlich Baumgröße erreicht. Im Spätsommer trägt er flauschige, pinkfarbene Blütenstände. Die rundlichen Blätter sind dunkel-weinrot und im vollen Sonnenlicht durchscheinend. Im Herbst färben sich die haarigen Saatköpfe grau und umhüllen die Pflanze mit einem rauchigen Nebel; das Laub rötet sich, noch bevor es abfällt. Gut drainierter Boden; volle Sonne. H 3,5 m, B 3,5 m.

Corylus avellana

„Contorta“ Der Korkenzieherhasel hat kurios verdrehte Zweige, an denen schon im Winter die goldenen Kätzchen hängen. Seine rundlichen Blätter verfärben sich im Herbst gelb, bevor sie abfallen. Wie die Haselnuß ist auch er vielstämmig und erzeugt eßbare Nüsse. Gut drainierter Boden, einschließlich Kalk; Sonne oder Teilschatten. H 4,5 m, B 4,5 m.

Cotoneaster
„Cornubia“ Dieser beinahe immergrüne Mispelstrauch wächst gewöhnlich zu einem riesigen, weit ausladenden Strauch, der aber auch einen einzelstämmigen Baum bilden kann. Seine lanzenförmigen Blätter sind glänzend grün von oben und silbrig von unten. Die kleinen, weißen Blüten erscheinen im Sommer; im Herbst folgen Büschel großer, roter Beeren, die bis in den Winter hinein sehr dekorativ bleiben. Gut drainierter Boden; Sonne oder Teilschatten. Anfällig gegen Feuerbrand. H 4,5 m, B 4,5 m.

Cotoneaster
„Hybridus pendulus“ Dies ist ein Baum für die kleinsten Gärten. Er ist „künstlich“, da seine natürlicherweise niederliegenden Zweige meistens auf den aufgerichteten Haupttrieb von *C. frigidus* gepfropft werden. Daraus wird ein winziges, hängendes Bäumchen mit glänzenden, immergrünen Blättern, und weißen Blüten im Sommer, denen eine Menge von leuchtend roten Beeren im Herbst und Winter folgen. Kultivierung wie für *C.* „Cornubia“. H 3 m, B 1 m.

Crataegus laevigata
„Paul's Scarlet“ Dies ist die gefüllt scharlachrot blühende Form des einheimischen Rotdorn. Er wird manchmal als *C. oxycantha* „Coccinea Plena“ oder *C. o.* „Paulii“ verkauft. Seine Blätter sind typisch stachelähnlich, dunkelgrün und lappig; die herbstlichen Beeren sind leuchtend rot. Sehr winterfest und duldsam. Jeder Boden; Sonne oder Teilschatten, anfällig für Feuerbrand. H 4,5 m, B 4,5 m.

Crataegus x lavallei
Dieser gelegentlich auch als *C. x carrierei* gehandelte kleine Hybrid ist verwandt mit dem wilden Weißdorn; er hat kleine, weiße Blüten im späten Frühjahr oder Frühsommer. Obwohl er laubabwerfend ist, bleiben seine dunklen, glänzend grünen Blätter oft bis in den Winter hinein am Baum. Im Herbst verfärben sie sich rötlich-braun. Die orange-roten Beeren halten sich ähnlich lange. Sie kontrastieren sehr schön mit dem Laub. Die Krone ist rundlich, ohne Dornen und sehr dicht. Kultivierung wie *C. laevigata* „Paul's Scarlet“. H 4,5 m, B 3 m.

Der gefüllt scharlachrot blühende Rotdorn *Crataegus laevigata* „Paul's Scarlet“ ist sehr anpassungsfähig in seinen Boden- und Standortansprüchen. Er gedeiht sogar in Gegenden mit Luftverschmutzung.

Crataetus x prunifolia
Die Blätter dieses Dornbaumes weisen nicht die für den *Crataegus* übliche Lappung auf; sie sind ähnlich denen des Pflaumenbaumes. Die ovalen, glänzenden Blätter sind unterseits blaß, verfärben sich sehr schön im Herbst, wenn auch die leuchtend roten Beeren getragen werden. Pflege wie für *C. laevigata* „Paul's Scarlet". H 4,5 m, B 4,5 m.

Cydonia oblonga
Der Quittenbaum ist ein absonderlicher, altmodischer Gartenbaum (im Gegensatz zu den buschigeren japanischen oder blühenden Quitten, *Chanenomeles* sp). Im Frühjahr trägt er große, einzelne weiße oder rosa Blüten, denen später eine apfel- oder birnenförmige Frucht folgt. Diese duftet stark, ist nicht sehr schmackhaft, wird aber gelegentlich für Gelees verwendet. Die ovalen Blätter mit haarigen Unterseiten verfärben sich im Herbst gelb, bevor sie abfallen. Braucht fruchtbaren Boden, volle Sonne und Schutz. H 4,5 m, B 3,5 m.

Eucalyptus niphophila
Diese Eukalyptusart ist nur bedingt winterfest und sie braucht einen ganz besonders milden, sonnigen und geschützten Garten. Die immergrünen Blätter sind groß und blaß graugrün. Die attraktiv abschälende Rinde ist grau, naturfarben weiß und grün. Er wächst langsamer als der bekanntere *E. gunnii* und trägt wollige, weiße Blüten im Sommer. Tiefer, fruchtbarer Boden; Sonne und Schutz vor starken Winden. In den ersten zwei bis drei Wintern nach der Pflanzung braucht er Schutz. Kübelpflanzen sind für die Auspflanzung im Frühjahr am besten. H 10 m, B 4,5 m.

Die attraktiv abschälende Rinde des *Eukalyptus niphophila*. Er gehört zu den winterfestesten der Eukalypten, jedoch eignet er sich auch nur für milde, sonnige, geschützte Gärten.

LINKS Die eßbare Feige *Ficus carica* ist von vitalem Wuchs, daher ideal die Kübelhaltung.

UNTEN Die goldene Gleditschie *Gleditsia triacanthos* „Sunburst". Schöne Farben im Frühjahr.

Ficus carica
Die eßbare Feige wird zu einem kräftigen, buschigen Baum. Zwar hat sie keine auffälligen Blüten, jedoch große, gelappte Blätter und einen schönen Wuchs; die blaß-grauen Triebe sind im Winter besonders attraktiv. Wenn man den Wuchs der Wurzeln einengt, regt dies die Fruchtbildung an und hilft, den Baum kompakt zu halten; es ist sinnvoll, die Pflanze in einem großen Gefäß zu halten. Gut drainierter Boden, nicht zu nährstoffhaltig; volle Sonne und Schutz; nicht für kalte oder offene Gärten. H 3,5 m, B 3,5 m.*

Gleditsia triacanthos
„Sunburst" Die goldene Gleditschie zeigt zwar auch in kleinen Gärten ihre Schönheit, bietet man ihr jedoch viel Platz, wächst sie zu einem erstklassigen Baum heran. Das fedrige, hellgelbe Laub erscheint im Frühjahr und wird nur langsam grüner. Es kontrastiert schön zu den gelben, jungen Blättern, die in geringerer Anzahl während der ganzen Saison nachwachsen. Gut drainierter Boden; Sonne und Schutz. H 9 m, B 5 m.*

* = geeignet für Kübelhaltung
H = Höhe
B = Breite

Hamamelis mollis

Die chinesische Zaubernuß fällt in die Kategorie große Sträucher/kleine Bäume, je nachdem, wie lange man warten kann. Im Winter sind ihre nackten, verwinkelten Zweige mit spinnenartigen, gelben Blüten bedeckt, die einen angenehmen Duft haben. Zwar sind die Blüten relativ frostbeständig, in milderen Gärten erscheinen sie jedoch früher. Die Blätter ähneln denen der Haselnuß und werden im Herbst gelb, bevor sie abfallen. Gut drainierter Boden; Sonne oder Teilschatten. Nicht für kalkige Böden. H 3 m, B 3 m.

Ilex x altaclarensis

„Golden King" Die immergrünen, beinahe stachelfreien Blätter dieses Stechpalmenhybriden haben dicke, gelbe Ränder. Trotz des Namens ist dies ein weiblicher Klon; trägt im Herbst und Winter rote Beeren, wenn ein männliches Exemplar im Umkreis von 30 m wächst. Langsam wachsend. Gut drainierter Boden; Sonne oder Teilschatten. Widerstandsfähig gegen Luftverschmutzung oder Seeluft. Anfällig gegen Pilzbefall. H 6 m, B 3 m.*

Ilex aquifolium

„Argenteomarginata Pendula" Ein Stechpalmenhybrid mit elegantem Wuchs und hängenden Zweigen; die Blätter sind silbrig gerändert. Weiblich. Pflege wie für *I. x a.* „Golden King". H 4,5 m, B 3 m.*

Ilex aquifolium

„Bacciflava" Die bunten Stechpalmensorten werden zunehmend beliebter als die grünen, obwohl letztere zu schönen

OBEN Im Laufe der Zeit entwickelt sich die chinesische Zaubernuß *Hamamelis mollis* zu einem kleinen Baum. Sie blüht im Winter und hat eine schöne Laubfarbe im Herbst.

RECHTS Trotz des Namens *Ilex x altaclarensis* „Golden King" ist dies eine weibliche Pflanze, die rote Beeren im Herbst/Winter nur dann trägt, wenn ein männliches Exemplar in der Nähe wächst.

Der chinesische Goldwacholder *Juniperus chinensis* „Aurea“ ist langsamwüchsig, wird aber schließlich zu einem schönen Einzelbaum im kleinen Garten. Er liebt Schatten, da sein Laub anfällig gegen Verbrennungen im grellen Sonnenlicht ist.

Bäumen heranwachsen und auch Schatten besser vertragen. Diese manchmal auch als *I. a.* „Fructuluteo“ gehandelte Stechpalme hat normales Laub, aber trägt große Mengen gelber Beeren. Nicht geeignet für kleine Gärten. Pflege wie *I. x a.* „Golden King“. H 7,5 m, B 4,5 m.*

Juniperus chinensis
„Aurea“ Der chinesische Goldwacholder wächst langsam, wird jedoch schließlich zu einem kleinen, säulenfömigen Baum. Er trägt zwei Arten immergrüner Blätter: Grünlichgraue, nadelähnliche und leuchtend gelbe, winzige pfrienförmige Altersbelaubung. Dies ist ein männlicher Klon, der kleine, gelbe Blüten trägt, aber keine Beeren. Gut drainierter Boden, einschließlich Kalk; Teilschatten. Das Laub ist anfällig gegen grelle Sonne. H 4,5 m, B 1,2 m.

* = geeignet für Kübelhaltung
H = Höhe
B = Breite

Laburnum x watereri
„Vossii“ Der Goldregen ist besonders in den Vororten beliebt. Seine sehr kräftig gelben Blüten im Frühjahr sind ungewöhnlich attraktiv. Die im Herbst abfallenden Blätter setzen sich aus drei blaß-grünen Teilen zusammen; die Rinde ausgewachsener Exemplare ist kräftig olivgrün. Am besten hebt sich dieser Baum gegen einen dunklen Hintergrund ab. Gut drainierter Boden, einschließlich Kalk. Sonne oder Teilschatten.

Die Saat ist giftig, daher muß sehr genau auf Kinder und Tiere geachtet werden, damit es nicht zu Unfällen kommt. H 6 m, B 5 m.

Laurus nobilis
Wenn der echte Lorbeerbaum in tiefgründigen Boden gezogen wird, wächst er schließlich zu einem großen, pyramidenförmigen Baum aus; er bleibt jedoch relativ klein, wenn er in Kübeln gezogen wird. Seine lanzenförmigen, immergrünen Blätter sind dunkel, glänzend und aromatisch, wenn sie zerrieben werden; sie sind in der Küche als Gewürz bekannt. Er wächst langsam und verträgt regelmäßiges Beschneiden. Gut drainierter, fruchtbarer Boden; volle Sonne und Schutz. H 3,5 m, B 2,4 m.*

Magnolia denudata
Die Magnolie (oder Tulpenbaum) trägt große, duftende, weiße, tassenförmige Blüten auf den noch laubfreien Zweigen im Frühjahr. Die Pflanze blüht erst nach ca. 7 Jahren. Fruchtbarer, kräftiger, kalkfreier Boden; Sonne oder Teilschatten und Schutz. H 6 m, B 4,5 m.

Magnolia soulangeana
„Lennei“ Dieser Hybrid aus *M. denudata* und *M. liliiflora* blüht erst im späten Frühjahr, wenn die Zweige zuerst noch ohne Laub sind, schließlich jedoch belaubt. Die schön geformten Blüten sind rosa-purpur von außen, cremeweiß und pinkfarben innen. Im Gegensatz zu *M. denudata* blüht diese Magnolie schon relativ früh, manchmal treiben auch im Herbst noch einige Blüten aus. Pflege wie *M. denudata.* H 4,5 m, B 6 m.

Die weiße Form der *Magnolia soulangeana* „Lennei“, die — im Unterschied zu anderen Magnolien — schon als junge Pflanze blüht. Sie ist auch widerstandsfähiger gegen kalkige oder kreidige Böden. Sie benötigt einen geschützten Standort mit Sonne oder Teilschatten.

UNTEN Der japanische Holzapfel *Malus floribunda* blüht reich im Frühjahr. Er trägt gelbe Früchte mit leichtem Rotton.

RECHTS Eine der schönsten Holzapfelsorten mit dekorativen Früchten ist *Malus* „John Downie". Er verzweigt sich erst im Alter.

*   = geeignet für Kübelhaltung
H = Höhe
B = Breite

Malus floribunda
Der japanische Holzapfel ist ein laubabwerfender Baum mit runder Krone und hängenden Zweigen. Diese sind im Frühjahr bedeckt mit dunkelrosa Knospen, die sich zu blaßrosa oder weißen Blüten öffnen. Im Herbst tragen die Zweige kleine gelbe, leicht rötliche Früchte. Gewöhnlicher, gut drainierter Boden; volle Sonne. Anfällig gegen Lausbefall und Schaleninsekten. H 6 m, B 6 m.

Malus
„John Downie" Blüht weniger aufsehenerregend als *M. floribunda*, hat jedoch die besten Früchte für Gelees. In seiner Jugend ein ziemlich aufrechter Baum, der sich erst im Alter verzweigt; seine pinkfarbenen Knospen öffnen sich zu weißen Blüten. Die Früchte sind orange und rot. Pflege wie *M. floribunda*. H 4,5 m, B 3,5 m.

Malus
„Profusion" Dieser beliebte Baum bietet das ganze Jahr über kräftige Farben: Im Frühjahr, wenn sein kupferfarbenes, junges Laub erscheint; im Sommer, wenn er große Mengen weinroter Blüten trägt, und im Herbst, wenn die kleinen, blutroten Früchte erscheinen. Mit dem Lauf des Jahres verlieren die Blätter ihren Kupferton und werden grüner, jedoch mit leichtem Purpurton. Wie bei allen kräftig gefärbten Bäumen sollte der Standort sorgfältig ausgewählt werden. Pflege wie *M. floribunda*. H 6 m, B 6 m.

Malus x robusta
Der sibirische Holzapfel ist ein sehr winterfester Baum, mit runder Krone und hängenden Zweigen. Seine duftenden, weißen oder pinkfarbenen Blüten werden noch im späten Frühjahr getragen, im Herbst hat er große, haltbare Früchte, die auch im Winter am Baum bleiben. Sie sind bei „Red Sibirian" rot, bei „Yellow Sibirian" gelb. Pflege wie *M. floribunda*. H 6 m, B 6 m.

Mespilus germanica
Dieses Mitglied der Rosenfamilie ist von schöner Gestalt und hat weiße Blüten mit goldener Mitte, die im Frühsommer einzeln getragen werden. Danach bekommt er seine kuriosen, grünen Früchte, die bei der Reifung braun werden. Sie werden gelegentlich für Gelees verwendet. Die ovalen Blätter sind haarig und werden im Herbst rotbraun, bevor sie abfallen. Gut drainierter Boden; Sonne. Anfällig gegen Feuerbrand. H 4,5 m, B 6 m.

Morus nigra
Der Maulbeerbaum eignet sich nicht für kleine Gärten. Er wächst langsam zu einem ungewöhnlichen, weit ausladenden, laubabwerfenden Baum. Seine großen Blätter sind herzförmig, die Blüte eher unscheinbar. Der Baum bekommt dunkelrote, leicht saure Früchte, die — nach dem Abwurf — einen sehr unordentlichen Eindruck um den Baum herum machen. Gut drainierter, lehmiger Boden; Sonne. Geeignet für Gärten an der Küste oder in Städten. Empfindlich gegen Wurzelstörungen; Kübelpflanzen eignen sich am besten für das Auspflanzen. H 6 m, B 6 m.

Picea pungens glauca
„Kloster“ Diese kräftig blaue Stechfichte ist eine beliebte, kleine, langsamwachsende Form der riesigen Coloradofichte. Sie wird zu einem kompakten, konischen, immergrünen Baum mit stechenden, silbrig-blauen Nadeln. Alle Äste und Zweige sind dicht mit den Nadeln bewachsen, besonders an der Oberseite; die Zweige wachsen in anmutigen waagerechten Reihen. Gewöhnlicher Boden; volle Sonne und Schutz. Trockene, flachgründige oder kalkige Böden sind ungeeignet. H 9 m, B 3 m.

Pinus mugo
Die Bergkiefer ist natürlicherweise klein und von dichtem Wuchs. Sie verträgt auch extreme Bedingungen und kargen Boden. Obwohl sie oft in ein Heidebeet gepflanzt wird, kann sie aber auch gut mit anderen Bodendeckern kombiniert werden. Jeder Boden, einschließlich Kalk; volle Sonne. H 1,8 m, B 1,8 m.*

Prunus cerasifera
„Nigra“ Diese Form der Zierpflaume hat schönes Laub und schöne Blüten. Ihre Blätter sind dunkler, kräftiger purpurn, als die der gewöhnlichen *P. c.* „Pissardii“. Die Blüten sind dunkler und kräftiger gefärbt. Die kleinen rot-

LINKS Die Mispel Mespilus germanica ist ein klassischer Baum für Landgärten. Sie hat einen sehr schönen Wuchs, große, weiße Blüten und eßbare Früchte.

RECHTS Die blaueste aller Fichten ist „Kloster“; sie paßt gut auf den Rasen oder ins Heidebeet. Sie benötigt volle Sonne und Schutz.

purpurfarbenen Kirschpflaumen finden in der Küche Verwendung. Gut drainierter Boden, einschließlich Kalk; volle Sonne. H 6 m, B 6 m.

Prunus dulcis
„Roseoplena“ Ein blühendes Mandelbäumchen mit blaßrosa Blüten schon auf den kahlen Zweigen im Frühjahr. Die gefüllten Blüten sind unfruchtbar, daher kann man nicht mit einer Ernte rechnen; allerdings läßt unser nördliches Wetter auch sonst keine Mandelernte zu. Pflege wie *P. c.* „Nigra“. H 7,5 m, B 7,5 m.

Prunus lusitanica
Die Portugiesische Lorbeerkirsche ist ein immergrünes Mitglied der Rosenfamilie; obwohl sie gewöhnlich für Hekken benutzt wird, kann sie auch als attraktiver Baum mit runder Krone erscheinen. Ihre glänzenden Blätter sind

dunkelgrün und gesprenkelt. Im Sommer trägt sie Büschel weißer, duftender Blüten, denen im Herbst rote Früchte folgen. Sie ist leicht mit der mehr verbreiteten Lorbeerkirsche *P. laurocerasus* zu verwechseln. Gut drainierter, gewöhnlicher Boden, einschließlich Kalk. Sonne oder Schatten. H 4,5 m, B 3 m.*

Prunus sargentii
Eine Kirsche mit relativ großen, leuchtend pinkfarbenen Blüten im Frühjahr, wenn das bronze-getönte Laub sich entfaltet. Die Blühdauer ist nur kurz, ca. 1 Woche, jedoch entschädigt sie mit außergewöhnlich schöner Herbstfärbung des Laubes. Pflege wie *P. c.* „Nigra“. H 7,5 m, B 9 m.

Prunus subhirtella
„Autumnalis“ Die weißen Blüten der Herbstkirsche erscheinen auf den laublosen Zweigen vom Spätherbst bis zum Frühjahr. Kräftige Farben des Laubes im Herbst. Pflege wie *P. c.* „Nigra“; braucht Schutz. H 6 m, B 6 m.*

Prunus x yedoensis
Die Yoshino-Kirsche, ein Hybrid der Herbstkirsche, hat schöne, hängende Zweige. Im frühen Frühjahr hat sie große Mengen blaßrosa Knospen, denen einzelne weiße Blüten folgen, die mandelähnlich duften. Laubfarben variieren von kräftig grün bis feurigorange im Herbst. Pflege wie *P. c.* „Nigra“; Schutz vor starkem Wind. H 6 m, B 6 m.*

* = geeignet für Kübelhaltung
H = Höhe
B = Breite

Pyrus salicifolia
„Pendula" Die Trauer-Wildbirne ist beliebt. Äußerlich der Trauerweide nicht unähnlich, bekommt sie aber im Frühjahr Dolden weißer Blüten, wenn das silbrige Laub erscheint. Das Laub verliert langsam seinen Silberton. Die kleinen, braunen Früchte sind nicht eßbar. Gewöhnlicher Boden; volle Sonne. H 6 m, B 4,5 m.

Rhus typhina
„Laciniata" Das geschlitzt belaubte Essigbäumchen wächst in sehr verzweigter, ausladender, meistens vielstämmiger Form. Die großen Blätter bestehen aus bis zu 20 Teilen; sie wirken dann farnähnlich. Im Herbst verfärben sie sich gelb und orange. Die Blüten sind nicht auffällig, aber sie werden zu großen Kerzen samtig purpurfarbener Früchte. Auch nach dem Laubabwurf behalten sie ihre kräftige Farbe. Die Ausbreitung kann problematisch werden; manchmal bilden sich regelrechte Dickichte, besonders, wenn die Pflanze am Rasen steht. Sehr zäh und duldsam. Gut drainierter Boden; Sonne oder Teilschatten. H 4,5 m, B 4,5 m.*

Robinia pseudoacacia
„Frisia“ Das zartgelbe Laub der golden belaubten Akazie bildet den größten Kaufanreiz; die Farbe bleibt intensiv gelb vom Frühjahr bis zum herbstlichen Laubabwurf. Der Baum ist von aufrechtem, eckigen Wuchs, die Rinde dunkel und kräftig zerfurcht. Die kleinen weißen Blüten kommen nur selten. Gewöhnlicher Boden; Sonne oder Teilschatten. Schutz ist wichtig, da das Holz brüchig ist. Nicht für kleine Gärten. H 9 m, B 4,5 m.

Salix caprea
„Pendula“ Diese Weide ist weit mehr für kleine Gärten geeignet, als beispielsweise die goldene Hängeweide *(S. x chrysocoma)*. Sie bildet eine Regenschirmform, mit steifen, hängenden Zweigen. Im Frühjahr tragen sie Kätzchen. Feuchter Boden; Sonne. Anfällig gegen Blattläuse, Pilze und Krebs. H 3 m, B 1,8 m.

LINKS Im Herbst färben sich die Blätter von *Rhus typhina* „Laciniata“ (gefiederter Essigbaum) kräftig gelb und orange.

RECHTS Die schöne Farbe des Laubes der *Robinie pseudoacacia* „Frisia“ bleibt vom Frühjahr bis zum Abwurf im Herbst.

Ein zäher, sehr genügsamer, goldener Baum — *Sambucus nigra* „Aurea". Er hat attraktives Laub und bildet flache Dolden mit cremig-weißen Blüten, denen glänzend blau-schwarze Beeren folgen.

Salix matsudana
„Tortuosa" Die Peking- oder Korkenzieherweide ist nicht jedermanns Geschmack. Jeder Zweig, jeder Ast dieses Baums ist merkwürdig verdreht und geformt — am besten zu sehen, wenn der Baum ohne Laub ist. Die Blätter sind lang, schlank und gesprenkelt, von oben grün, unten silbrig-grau. Sie verleihen dem Baum viel Anmut. Die Kätzchen werden im Frühjahr getragen, zur gleichen Zeit, wie das Laub erscheint. Eignet sich für streng angelegte Gärten. Pflege wie *S. caprea* „Pendula". H 9 m, B 4,5 m.

Sambucus nigra
„Aurea" Der goldene Holunder ist ein zäher, anpassungsfähiger Baum, der auch auf schwierigen Böden wächst. Seine leuchtend gelben Blätter setzen sich aus 7 Lappen zusammen. Die flachen Köpfe mit cremig-weißen Blüten haben eine betäubenden Duft. Sie werden zu blau-schwarzen Beeren. Alljährliches Beschneiden im zeitigen Frühjahr, um den größten Teil des vorjährigen Wachstums zu entfernen, regt schöne Laubbildung an. Jeder Boden (einschließlich Kalk); Sonne oder Schatten. H 4,5 m, B 4,5 m.

Sorbus aria
„Lutescens“ Diese Form der einheimischen Eberesche hat besonders im Frühjahr ihren Reiz, wenn die samtigweißen, jungen Blätter sich an den dunklen Zweigen entfalten. Im Verlauf der Saison werden sie grau-grün; es bilden sich kleine Dolden mit weißen Blüten, aus denen leuchtent kaminrote Beeren im Herbst werden. Auch das Laub bringt dann schön Farben. Dieses Farbspiel macht den *Sorbus* besonders in kleinen Gärten zu einer Attraktion. Der Baum hat eine runde Krone uund ist dicht verzweigt. Sehr winterfest. Gewöhnlicher Boden, auch Kalk. Sonne oder Teilschatten. H 6 m, B 4,5 m.

Sorbus aucuparia
Die einheimische Eberesche bietet viele Vorteile: Sie ist widerstandsfähig, hat auffälliges Laub mit kräftigen Herbstfarben, weiße Blütendolden im Frühjahr und große Mengen roter Beeren im Herbst, die viele Vögel anlocken. Neutraler oder saurer Boden, gut drainiert; Sonne oder Teilschatten. H 6 m, B 4,5 m.

* = geeignet für Kübelhaltung
H = Höhe
B = Breite

Sorbus aucuparia „Xanthocarpa“ ist die Form der einheimischen Eberesche, die gelbe Beeren trägt. Wie diese ist sie ein zäher, anpassungsfähiger Baum, der besonders für Stadtgärten oder schutzlose Gärten geeignet ist. Sie bevorzugt neutralen bis sauren Boden und Sonne oder Teilschatten.

Sorbus hupehensis
Es handelt sich hierbei um eine Züchtung aus der Eberesche; sie hat eine kompakte, aufrechte Form mit blaugrünem Laub und lockeren Dolden weißer Blüten. Die Blätter verfärben sich im Herbst leuchtend gelb, orange und rot, die roten Beeren verbleiben bis zum Winter. Pflege wie *S. aucuparia.* H 6 m, B 4 m.

Sorbus vilmorinii
Eine seltene, aber sehr lohnenswerte Ebereschenzüchtung. Die farnartigen Blätter bestehen aus bis zu 31 Lappen; herbstliche Laubfarben kräftig purpur und rot.

Die Beeren verblassen zusehends im Winter. Der Baum ist von offenem Wuchs. Pflege wie *S. aucuparia.* H 3 m, B 3,5 m.

Taxus baccata
„Fastigiata" Die irische Säuleneibe — häufig auf Friedhöfen zu finden — ist ungewöhnlich dicht und aufrecht; daher wirkt sie wie eine dunkelgrüne und runde Säule. Ihre roten Beeren sind sehr attraktiv, jedoch auch sehr giftig. Ihre dunkelgrünen „Nadeln" haben blasse Unterseiten. Sehr langsamwüchsig, aber auch sehr langlebig. Gelegentlich findet man Exemplare, die mehrere hundert Jahre alt sind. Falls nötig, kann die Größe durch Beschneiden reguliert werden. Die irische Säuleneibe braucht gut drainierten Boden; Sonne oder Schatten. H 4,5 m, B 1 m.

* = geeignet für Kübelhaltung
H = Höhe
B = Breite

LINKS *Sorbus vilmorinii* bietet eindrucksvolles, farnartiges Laub, mit schönem Farbspiel im Herbst und großen Mengen roter Beeren. Diese Art ist nicht einfach zu finden, es lohnt sich jedoch, nach ihr zu suchen. Sie ist leicht zu ziehen.

RECHTS Sehr langsam wächst die irische Säuleneibe *Taxus baccata* „Fastigiata Aurea", wird aber auch sehr alt. Sie wirkt als Einzelexemplar sehr schön auf einem Rasen oder in Heidebeeten, selbst in den kleinsten Gärten. Volle Sonne bringt ihre Farben am schönsten heraus.

ALPHABETISCHES VERZEICHNIS

Abies 28, **28**
Acer 8, **8**, **11**, 28-29, **28**, **29**
Adelgids 24
Amelanchier 29
Arbutus 29, **29**
Ausblick einrahmen 6
Austriebe 21
Auswahl von Bäumen 8-13

Befestigungen 16, **17**, 21
Belaubung 6, 10
Beschneiden 9, 19, 22-23, **22**
Hauptzweige 23, **23**
Werkzeuge 23
Wurzeln 16, 17
Zeitpunkt 23
Betula **8**, 30
Bewässern 17, 20
Blattflecken 25
Blattläuse 24, **24**
Blickfang 6, 13
Blühende Bäume 6
Boden 8
Buddleia 20, **30**

Capsids 24
Catalpa **30**, 31
Cercis **12**, 31, **31**
Chameacyparis 31
Containerpflanzen 14, 15
Cordyline 31, **31**
Cornus 32, **32**
Corylus 32, **32**
Cotinus 32
Cotoneaster 33
Crataegus 33-34, **33**
Cydonia 34

Drainage 118
Düngung 19, 20-21, **211**

Einhüllen 15, **15**
Einkauf von Bäumen 14-15
Eucalyptus 34, **34**
Exotische Bäume 11

Fällen von Bäumen 13
Farben 11
Feuerbrand 25
Ficus 35, **35**
Formen 9, 22
Frostschutz 18, 19, **19**, 20, **20**
Früchte 6

Gleditsia 35, **35**
Größe 8
verkaufsgerechte 15

Hamamelis 36, **36**
Hintergrund, Bäume pflanzen als **6**, 7, **7**
Hintergrund für neue Bäume 20, **20**
Honigpilz 25
Hygiene 25

Ilex 36-37, **36**
Immergrüne, frisch gepflanzte 20
Juniperus **8**, 37, **37**

Kompost 18
Krankheiten 25
Krebs 25

Laburnum **9**, 37
Landhausgarten 11
Landschaft, Ergänzung 10-11
Laurus 38

Magnolia 38, **38**
Malus **8**, 39, **39**
Mehltau 25
Mespilus 40, **40**
Morus 40
Mulch 19, 20, 21

Nachbarrechte 10

Pfähle 16, **17**, 21
Pfirsichblattkrankheit 25
Pflanzkübel 18
Pflanzen für 9, 18-19, **18**, **19**
Pflanzung 16-19, **17**
Zeitpunkt 14, 19
Pflege 20-21
Picea 40, **41**
Pinus 40
Plazieren 12-13
Problemflächen 12, 13
Prunus **8**, 40-41
Pyrus **8**, 42
Raupen 24, **24**
Rhus 42, **42**
Rinde 6
Robinia **10**, 43, **43**
Rost 25
Rote Spinnmilben 24

Salix **9**, 43-44
Sambucus 44, **44**
Schädlinge 24-25, **24**
Schaleninsekten **24**, 25
Schatten 7, 13
Silberlaubkrankheit 25
Sorbus **11**, 45-46, **45**, **46**

Taxus 47, **47**
Trimmen 21

Unkraut 21

Verdunstungsspray 20

Wachstum
Wachstumsrate 8-9
Wuchsformen 9
Wachstumsansprüche 8
Wind, Schutz vor 7, 20
Wolläuse 24
Wurzeln
Beschädigungen durch 12, **13**
Beschneiden 16, 17

Zwergformen 99

Bildnachweise:

Pat Brindley: 9, 11, 19, 31, 32, 36, 36, 39, 40, 45.
Ron & Christine Foord: 24.
John Glover: 28.
Lyn & Derek Gould: 1, 9, 29, 30, 43, 47.
ICI: 24.
Tania Midgley: 26/7.
Harry Smith Horticultural Photographic Collection: 4/5, 28, 29, 30, 32, 33, 34, 35, 36, 39, 41, 44.
Michael Warren: 11, 12, 37, 38, 42, 46.

Zeichnungen: Simon Roulstone